BEI GRIN MACHT SICH IHR WISSEN BEZAHLT

- Wir veröffentlichen Ihre Hausarbeit, Bachelor- und Masterarbeit

- Ihr eigenes eBook und Buch - weltweit in allen wichtigen Shops

- Verdienen Sie an jedem Verkauf

Jetzt bei www.GRIN.com hochladen und kostenlos publizieren

Kathrin Kiss-Elder

Essstörungen im Jugendalter: Risikofaktoren und Diskussion

GRIN Verlag

Impressum:

Copyright © 2008 GRIN Verlag, Open Publishing GmbH
Druck und Bindung: Books on Demand GmbH, Norderstedt Germany
ISBN: 978-3-640-82070-2

Dieses Buch bei GRIN:

http://www.grin.com/de/e-book/165936/essstoerungen-im-jugendalter-risikofakto-
ren-und-diskussion

Termin: 22.08.2008 / A2008-6392

Fach / Fachbereich: Soziale Arbeit

Titel der Arbeit: Hausarbeit
Essstörungen im Jugendalter. Risikofaktoren und Diskussion

Umfang: 13 Seiten incl. Gliederung.

Gliederung

1. Einleitung

Essstörungen sind inzwischen zum epidemischen Problem geworden. Der Anteil der Menschen, die von einer Essstörung betroffen sind, scheint kontinuierlich zu wachsen, und zwar sowohl quantitativ – wie viele von Essstörungen betroffen sind – als auch hinsichtlich der Positionierung im Leben – wie auch hinsichtlich der Chronifizierung der Störung.
Der Mediziner Zipfel zitiert in seiner Studie zu den biopsychosozialen Aspekten der Anorexia Nervosa folgende Ergebnisse einer Forsa-Studie: „Jede zweite Frau zwischen 20 und 60 möchte weniger wiegen. Jede zweite Frau hat bereits eine längerfristige Diät gemacht.
Für 47% der Frauen gibt es „verbotene Lebensmittel". Jedes dritte Mädchen unter 10 und 60% der 15jährigen haben schon Diäterfahrung." (Zipfel, 2003: 3)
Das epidemische Auftreten von Essstörungen verlangt damit ein Ausmaß gesellschaftlicher, professioneller wie sozial-individueller Fürsorge, um das Leiden der Betroffenen und Mitbetroffenen zu lindern bzw. überhaupt zu verhindern.
Das erste Auftreten von Essstörungen wird meist im Jugendalter lokalisiert:

2. Jugendalter - Konstruktion einer Lebensphase

In Zeiten des Jugendwahns, in der immer mehr Erwachsene in eine Lebensphase zu regrigieren scheinen, die öffentlich als non plus utra, als Eldorado, als „das Leben" empfunden wird, ist es spannend, sich mit dieser viel von gesellschaftlichen Bildern überlagerten und idealisierten Lebensphase zu beschäftigen. Also zuerst eine Definition:

2.1. Definition Jugendalter

Jugendalter wird nach bezeichnet als Lebensphase, „die durch das Zusammenspiel biologischer, intellektueller und sozialer Veränderungen zur Quelle vielfältiger Erfahrungen wird." (Dreher, Oerter in Montada, Oerter, 2002: 258) Sie ist situiert im Übergang zwischen Kind und Erwachsenen, und damit in starkem Maße sozialen und kulturellen Änderungen unterworfen[1]. Sie wird von einschneidenden körperlichen Veränderungen – der Geschlechtsreifung – markiert, ist aber vorrangig sozialhistorisch konstruiert – ein Projekt und Produkt sozialhistorischer Entwicklungen, wie ich im Folgenden noch ausführen werde[2].

Diese Lebensphase ist mit im Durchschnitt 15 Jahren ausgesprochen lang. Zudem scheint sie ein außerordentlich chancen- und risikoreicher Abschnitt zu sein, in der eine Vielzahl von Weichen für das künftige Leben und damit auch für die künftige Lebensqualität gestellt werden[3] – gesundheitliche, psychische wie physiologische, berufliche Weichen, damit verbunden sozioökonomische,

---

[1] Vgl. Dreher, Oerter in Montada, Oerter, 2002: 262
[2] Vgl. Dreher, Oerter in Montada, Oerter, 2002: 258
[3] Vgl. Hurrelmann et al. in Shell Deutschland Holdling, 2006: 33, Hurrelmann, 2007: 7

soziale Strukturen und damit verbunden die Ausbildung mehr oder minder stabiler und ressourcenreicher Netzwerke.

Gleichzeitig spiegeln die Schwierigkeiten, mit denen Jugendliche zu kämpfen haben, symptomatisch die Schwierigkeiten unserer Zeit, der gesamten Gesellschaft und ihrer Mitglieder über deren gesamte Lebensspanne wider, wie der Soziologe Hurrelmann betont[4].

Psychologisch wird die Jugend wird als Lebensphase beschrieben, in der Identitätsbildung im Mittelpunkt rückt und in der die Arbeit und immer selbständigere, aber auch eigenverantwortliche Ausgestaltung der Identität wesentliches Ziel dieser Phase ist[5].
Gesellschaftlich ist die Bedeutung der Lebensphase vor allem in der Rollenorientierung und in der ethisch-politischen Orientierung des Jugendlichen zu sehen – in Auseinandersetzung mit den für den Jugendlichen immer wahrnehmbareren soziokulturellen Bedingungen[6].

2.2.   Historische Entwicklung der Jugend

In einem der klassischen, alten Modelle der Lebensphasen gibt es zwischen Kindheit und frühem Erwachsenenalter kein Dazwischen. Nach der Geschlechtsreife galt ein Mensch als erwachsen, davor war er ein Kind[7]. Dieses Modell findet sich heute noch in vielen ursprünglichen Gesellschaften, in der eine „Jugend'" nur in dem vergleichsweise knappen Zeitabschnitt einer Initiation stattfindet.

Erst in den letzten 150 Jahren hat sich diese Lebenspanne einen so eigenständigen Charakter erhalten, dass sie als selbständige Lebensphase betrachtet wird. Sie ist von einem recht kurzen Übergang zu einer immer längeren Zeitspanne angewachsen, während sich zugleich Kindheit und Erwachsenenalter verkürzten[8]. Sie ist ein Produkt größerer und breiteter Bildungsanstrengungen, in der der Arbeitsbeginn und die Gründung einer eigenen Familie immer weiter nach hinten verschoben wird[9]. Ein Moratorium und eine Transitionsphase in einem[10].

Im historischen Wandel lässt sich gleichzeitig auch ein struktureller Wandel der Lebensphase Jugend feststellen, und es ist m.E. eine interessante Frage, ob diese strukturellen Veränderungen reversibel sind. Durch die Zeiten mit dem damit verbundenen Kulturwandel werden auch die Lebensphasen unterschiedlich belastet. Die Jugend gilt heute als Lebensphase, in der intensiv Leistungsressourcen abverlangt werden[11], aber auch als Lebensphase, die stark mit hedonistischen Klischees besetzt ist.

---

[4] Vgl. Hurrelmann, 2007: 7
[5] Vgl. Tillmann, 2007: 209ff
[6] Vgl. Tillmann, 2007: 193
[7] Vgl. Hurrelmann et al. in Shell Deutschland Holdling, 2006: 33
[8] Vgl. Hurrelmann et al. in Shell Deutschland Holdling, 2006: 32
[9] Vgl. Hurrelmann et al. in Shell Deutschland Holdling, 2006: 33
[10] vgl. Tillmann, 2007: 197
[11] Vgl. Hurrelmann et al. in Shell Deutschland Holdling, 2006: 33

2.3. Entwicklungsaufgaben im Jugendalter

Die Jugend wird heute als Lebensphase mit DER Schlüsselstellung zu späteren Lebensphasen betrachtet. Warum ist diese Lebensphase so lang? Machen sich die Jugendlichen einfach nur eine schöne Zeit in ihrem Moratorium, um sich vor dem „Ernst des Lebens" zu drücken? Oder schlagen sie sich gequält durch den Dschungel der Adoleszenz, bis sie, endlich, endlich, erwachsen werden?

Entwicklungsaufgaben werden im Jugendalter in folgenden vier wesentlichen Lebensbereiche beschrieben[12]:

- Entwicklung der intellektuellen Kompetenz - Anwachsen der individuellen Leistungskompetenzen inkl. Motivation / Leistungssteuerung, mit dem Ziel der „selbständigen Bestimmung der eigenen Leistungsfähigkeit" (Hurrelmann, 2007: 33). Dies ist wichtig für den späteren sozioökonomischen erfolg, aber auch das Selbstbild, ob sich jemand später als Gescheiterter oder Erfolgreicher wahrnimmt.

- Entwicklung der sozialen Kompetenz:

  o Ablösung von der Herkunftsfamilie, Verstärkung von Gleichaltrigenkontakten – immer weniger ist der Jugendliche von „Babysittern" abhängig, die zunehmende Selbständigkeit führt zu größerer auch sozialer Bewegungsfreiheit und im Idealfall zu einer eigenständigen, frei gewählten Verortung im bzw. zum bestehenden Sozialgefüge. Da sich Gleichaltrige in ähnlichen Strukturen finden und mit ähnlichen Problemen zu kämpfen haben, ist die gegenseitige Unterstützung besonders wichtig.

  o Entwicklung eines inneren Bildes der eigenen Geschlechtszugehörigkeit, eines eigenständigen und befriedigenden Körperbildes, als Voraussetzung für eine stabile Paarbeziehung, die später als Basis für den Aufbau einer eigenen Familie dienen kann. Hier werden besonders sozial vorgegebene Bilder verhandelt und neu ausgestaltet: Wer bin ich als junger Mann, als junge Frau? Neben der Tatsache, dass die körperliche Entwicklung sich teilweise der eigenen Kontrolle entzieht, werden hier in der Unfreiheit, dem eigenen Körper ein Stück ausgeliefert zu sein, neue Freiheiten in der Ausgestaltung und in der Behandlung der eigenen Geschlechtlichkeit gewonnen.

- Eigenverantwortliches Konsumverhalten – gegenüber den Verlockungen der Konsumgesellschaft und mit gewachsenem Budget ist es immer wichtiger Strukturen und Orientierungspunkte der Eigensteuerung zu etablieren, die funktionieren.

---

[12] Vgl. Hurrelmann, 2007: 27ff und 33ff, Tillmann, 2007: 78ff

- Auch die ethisch-politisch-religiöse Orientierung wird in dieser Lebensphase neu verhandelt und in der wachsenden Unabhängigkeit vom Elternhaus und anderer Orientierungs- und Autoritätssysteme möglichst eigenständig neu gefasst.

In der Jugend werden wesentliche Muster des späteren Gesundheitsverhaltens und „Körpermanagements" geprägt. Diese sind derzeit nicht besonders vielversprechend: „Gewichtsprobleme, Verhaltensauffälligkeiten und Entwicklungsstörungen beeinflussen die Leistungsfähigkeit Jugendlicher" (Hurrelmann et al. in Shell Deutschland Holdling, 2006: 86) und stellen zudem eine schwere Hypothek für spätere Lebensphasen dar.
Dabei scheinen Mädchen und Jungen Belastungen unterschiedlich zu verarbeiten- bei Mädchen findet man eher nach innen gerichtete Reaktionsformen wie sozialen Rückzug und Depressionen – und eine signifikant höhere Neigung zu Essstörungen -, bei Jungen eher nach außen gerichtetes Verhalten wie nach außen gerichtete Aggression und Gewalttätigkeit[13].

Ein Kind, das in die Jugendphase eintritt, hat schon eine Geschichte. Es ist kein unbeschriebenes Blatt mehr. Wie jede Lebensphase bietet auch die Jugendzeit die Chance zu Neuorientierung und Verbesserung der Lebensqualität und Lebensmöglichkeiten, wie auch des Scheiterns. Die Auseinandersetzung mit den äußeren sozialen, historischen, medialen wie inneren Bedingungen und Geschehnissen kann dazu führen, dass dem Jugendlichen gewissermaßen ein einzigartiges Gesamtkunstwerk seiner selbst gelingt, oder dass er scheitert, bevor er mit dem „eigentlichen Leben" erst angefangen hat[14].

2.4.   Familie

Mit dem Jugendalter hat sich auch die Struktur der Familien geändert: „Sie sind oft sehr klein und umfassen oft nur noch zwei Personen, nämlich ein Elternteil und ein Kind." (Hurrelmann et al. in Shell Deutschland Holdling, 2006: 49) Sie sind heterogener, komplexer, hinterfragbarer und verletzbarer geworden. Und doch stellen sie für Jugendlich immer noch den sicheren „Heimathafen" dar, von dem aus sie andere Lebenswelten erschließen[15].
Man könnte meinen, dass die Restfamilie mit der Erodierung der Familienstrukturen immer mehr Bedeutung gewinnt. Aber sie wird zugleich auch erodiert durch „Konkurrenzangebote", die immer mehr in den Alltag der Jugendlichen drängen – vermutlich pflegen viele Jugendliche mehr Austausch mit dem Internet als mit ihren Eltern und – so es sie überhaupt gibt – Geschwistern. Die erzieherische und sozialisatorische Funktion der Familie wird zumindest relativiert eben nicht nur durch Gleichaltrige, denen sich der Jugendliche immer mehr anschließt, oder durch die Schule, in der er einen immer größeren teil seiner Wachzeit verbringt, sondern auch durch Medien.

---

[13] Vgl. Hurrelmann et al. in Shell Deutschland Holdling, 2006: 87ff
[14] Vgl. Hurrelmann, 2007: 7
[15] vgl. Hurrelmann et al. in Shell Deutschland Holdling, 2006: 49

Die sozioökonomischen Ressourcen der meisten Familien haben sich stark gebessert, die Jugendlichen haben mehr Kaufkraft als je, mehr Spielräume, mehr finanzielle Freiheiten – für 30% hat sich die Lage allerdings zugleich enorm verschlechtert, etwa durch anhaltende Arbeitslosigkeit einer oder beider Elternteile und schlechtes familiäres Bildungslevel[16].
Eltern sind heute irritiert, hatten viele doch angenommen, die Jahre des Aufschwungs, in denen die meisten unter ihnen aufwuchsen, würden sich nahtlos fortsetzen, erleben nun aber, wie unsicher die Zukunft sein kann[17]. Die Unsicherheit rund um die Nahrungsaufnahme, damit verbunden Essstörungen sind ein Symptom davon.

3. Magersucht - eine Form der Essstörung

„Die Einflüsse auf die Regulierung unseres Essverhaltens sind [...] sehr komplex. Am wenigsten, so könnte man sagen, essen wir – in der modernen Industriegesellschaft – aus Hunger." (Backmund, Gerlinghoff, 2000:20)

3.1. Definition

Es werden drei Arten von Essstörungen unterschieden: Anorexia Nervosa (= „nervöse Appetitlosigkeit"[18], Magersucht), Bulimie (Essbrechsucht), und Adipositas (Esssucht). Auch eine vierte Essstörung fand ich, die zwar seit 10 Jahren diskutiert wird, aber noch keinen Eingang in den Katalog des DSM (ich komme gleich darauf zurück) gefunden hat: Orthorexia Nervosa, die Sucht, nur das vorgeblich Richtige zu essen[19].

Die Definitionen für Essstörungen orientieren sich sowohl an phänotypisch erfassbaren Merkmalen, also wie dick oder dünn ein Mensch ist, bzw. quantifiziert am Body Mass Index (BMI)[20], beziehungsweise bei Kindern zwischen 10 und 18 Jahren an den den BMI-Perzentilkurven[21]. Erwachsene

- Magersüchtige haben einen BMI von unter 17,5,
- Bulimische einen BMI zwischen 19 und 30, also eine sehr große Variation von „dicken" oder „dünnen" Körpern,
- Esssüchtige einen BMI über 30[22].

Indikatoren für eine Essstörung im Sinne einer Anorexia Nervosa nach dem DSM-IV (Diagnostic and statistical Manual of Mental Disorders) sind[23]

---

[16] Vgl. Hurrelmann et al. in Shell Deutschland Holdling, 2006: 49
[17] Vgl. Hurrelmann et al. in Shell Deutschland Holdling, 2006: 32
[18] eigentlich ein irreführender Begriff, da Betroffene ja durchaus Appetit verspüren, ihn aber unterdrücken – vgl. Stoichita, 2007: 9
[19] Vgl. Stoichita, 2007: 16
[20] Gewicht in kg. : Körpergröße in m, vgl. Backmund, Gerlinghoff, 2000: 19
[21] der BMI ist aufgrund der äußerst dürftigen, fehlerhaften Datengrundlage inzwischen stark in die Kritik geraten, aber ein anderes Verfahren hat sich leider bisher noch nicht durchgesetzt – dies ist zu beachten – Vgl. Stoichita, 2007:23
[22] Vgl. Backmund, Gerlinghoff, 2000:19, Zipfel, 2003: 6

- ein niedriges Körpergewicht (etwa 85% des zu erwartenden Gewichts laut BMI),
- große Angst vor einer Gewichtszunahme,
- Körperschemastörung im Sinne eines übertriebenen Einflusses des Körpergewichts auf das (aktuelle) Selbstwertgefühl und einem Verleugnen, krank zu sein), und
- dem nicht schwangerschaftsinduzierten Ausbleiben der Menstruationsblutung bzw. Potenzverlust bei Männern[24].

Weitere relevante Symptome sind etwa die Weigerung, Hilfe zu suchen bzw. sein Verhalten überhaupt als Problem zu sehen, die Betonung körperlicher Probleme vor psychischen, die Weigerung, sich wiegen und körperlich untersuchen zu lassen (eine Untersuchung gegen den Willen des Betroffenen ist natürlich ein unvorstellbar großer Eingriff in seine Privatsphäre), das Verhüllen des Körpers mit weiter Kleidung, und ein gesteigerter körperlicher Antrieb[25].
Dabei werden zwei Typen der Magersucht, der restriktive und der binge-purging-Typ unterschieden, Menschen, die die Gewichtsreduktion rein durch Fasten erzielen, und andere, die darüber hinaus noch Maßnahmen zur Gewichtsreduktion wie die Anwendung abführender Mittel oder willentlich herbeigeführtes erbrechen, einsetzen[26].

3.2. Physische Folgen

Neben einer Verringerung des Körpergewichts und einem Abbau von Fettgewebe kommt es auch zu[27]
- Hormonstörungen wie einer Einschränkung der Schilddrüsenfunktion, verzögerte Pubertät und Wachstumshemmung,
- einer Verlangsamung des Herzschlags, niedrigem Blutdruck und ggf. Herzrhythumsstörungen,
- einer Verminderung des Blutzuckers,
- trockener Haut,
- Konzentrationsstörungen, Depressionen, Nervenlähmungen, schließlich auch
- Nierenschädigungen.

Es kann also noch vor dem Verhungern des von Magersucht Betroffenen zu lebensgefährlichen Komplikationen kommen.

---

[23] Vgl. Backmund, Gerlinghoff, 2000:15
[24] erstaunlicherweise fand ich den Verweis auf das männliche Dependant zum Ausbleiben der Menstruation nur bei Stoichita, 2007: 10
[25] Vgl. Habermas in Montada, Oerter, 2002: 848, Zipfel, 2003: 8
[26] Vgl. Backmund, Gerlinghoff, 2000:16
[27] Vgl. Backmund, Gerlinghoff, 2000: 56ff

3.3.   Epidemiologie

Zu 90% sind derzeit Mädchen und junge Frauen von Anorexia Nervosa betroffen, die Betroffenen finden sich eher in höheren sozialen Klassen, besonders betroffen sind Mädchen im Jugendalter[28]. Anorexia Nervosa gehört zu den psychiatrischen Erkrankungen mit der höchsten Sterblichkeit – innerhalb von 17 Jahren nach Diagnosestellung sterben 20%[29].
Die Auseinandersetzung mit Figur und Gewicht ist keinesfalls ein Problem der Erwachsenen. Erhebungen des Therapiezentrums für Essstörungen in München, die am renommierten Max-Planck- Institut angekoppelt sind, ergaben, dass sich schon 49% der 9-13-jährigen Mädchen sich Sorgen um ihre Figur machen, und 34% der Mädchen und 30% der Jungen in diesem Alter schon einmal versucht haben, abzunehmen[30]. Magersucht beginnt frühestens mit 9 Jahren , meist zwischen dem 12. und 15. Lebensjahr[31].

Zusammenfassend lässt sich sagen, dass Essstörungen ernstzunehmende psychosomatische Erkrankungen sind, bei der eine Psychotherapie mit anschließender Nachbetreuung unerlässlich ist, da ihr eine Vielzahl von Problemen zugrunde liegen[32]:

4.   Erklärungsansätze für Essstörungen bzw. Magersucht

„Alles war so hoffnungslos und ausweglos. Der einzige Triumph, den ich hatte, war mein Hungern. Es war die Macht, die Gewalt, die Beherrschung über meinen Körper." (Anonym in Backmund, Gerlinghoff, 2000: 25)

4.1.   Grundlegende Struktur

Grundlegend wird bei der Entstehung von Essstörungen eine Kombination von Anlage-Umwelt-Faktoren angenommen[33]. Inzwischen wird auch eine genetische Disposition von Essstörungen angenommen, auch wenn die Datengrundlage noch zu gering ist, um mehr als eine Tendenz zu beschreiben[34].

4.2.   Familiendynamische Ansätze

Bei einer Störung, die im Kontext der Familie auftritt, gerät die Familie natürlich auch stark als (Mit-) Verursacher in den Blick. Je nach Essstörungen weisen die Familien unterschiedliche Strukturen auf. Bei Magersüchtigen werden oft Ablöseprobleme zur Mutter bzw. damit verbunden starke Autonomie-Nähe-

---

[28] Vgl. Zipfel, 2003: 11
[29] Vgl. Habermas in Montada, Oerter, 2002: 850, Picini, 2003: o.P.
[30] Vgl. Backmund, Gerlinghoff, 2000: 13
[31] Vgl. Habermas in Montada, Oerter, 2002: 850
[32] Vgl. Backmund, Gerlinghoff, 2000: 59
[33] Vgl. Habermas in Montada, Oerter, 2002: 850
[34] Vgl. Backmund, Gerlinghoff, 2000: 21

Konflikte beschrieben[35]. Die Familien scheint oft von einer starken Leistungskultur und einem hohen Erwartungsdruck geprägt zu sein wie einem starken Harmoniebedürfnis – wobei die Frage der (Mit-)Verursachung deutlich von der Schuldfrage getrennt werden muss[36].

4.3.   Soziokulturelle und gesellschaftliche Ansätze

Magersucht ist – auch wenn es oft anders dargestellt wird – historisch kein neues Problem: „Das Phänomen der hungernden Frauen war schon im Mittelalter bekannt. Die Anorexia mirabilis, wobei die wundersame Appetitlosigkeit bei jungen Frauen auftrat, die aus religiösen Gründen fasteten. Nicht wenige wurden als Heilige verehrt, die bekannteste von ihnen ist Katharina von Siena." (Stangl, 2007: o.P.)
Das Krankheitsbild der Anorexia nervosa ist erstmals 1873 beschrieben worden, die Diagnose wird aber erst seit Mitte des letzten Jahrhunderts öfter gestellt. Dabei bleibt offen, ob es tatsächlich mehr Fälle von Magersucht bzw. insgesamt Essstörungen gibt, oder ob das gesteigerte öffentliche Bewusstsein zu einer durchaus wünschenswerten Problematisierung von Essverhalten und zu einer gehäuften Diagnosestellung führte[37].
Mit der Verbreitung der Medien und einer Vielfalt von dem, was als „Gesellschaft" auf den Jugendlichen einwirkt, vermitteln sich auch Bilder, was wünschenswert ist und was nicht. Oft genannt wird hier das medial vermittelte Schlankheitsideal[38], in der die Illusion geschaffen wird, mager sei gleich cool, cool gleich beliebt und beliebt gleich glücklich. Um cool, beliebt, zufrieden, erfolgreich, durchsetzungsstark, ausgeglichen und glücklich zu sein – dafür lohnt es sich doch, zu hungern[39]. Essstörungen sind damit zweifelsohne gesellschaftlich mitbedingt[40].

4.4.   Essstörungen und die Sucht nach Identität

Identitätstheoretische Ansätze wurden in Deutschland vor allem durch den Sozialpsychologen Heiner Keupp bekannt. Identität im Sinne einer einzigartigen Persönlichkeitsstruktur erscheint das zentrale Thema des Jugendalters zu sein[41]. Dies gilt sowohl hinsichtlich einer gleitenden Veränderung zwischen Kindheit und Erwachsenenalter, auch hinsichtlich der geschlechtlichen Identität, die durch die sexuelle Reifung provoziert wird, aber auch hinsichtlich der Abgrenzung der eigenen Identität zur Identität der Eltern und später auch in Abgrenzung zur Identität der Gleichaltrigengruppe.

---

[35] Vgl. Reich et al, 2004: 41ff, Stoichita, 2007: 18ff
[36] Vgl. Reich et al, 2004: 41
[37] Vgl. Stangl. 2007. o.P.
[38] Vgl. Hurrelmann et al. in Shell Deutschland Holdling, 2006: 89
[39] Vgl. Backmund, Gerlinghoff, 2000: 11
[40] Vgl. Stoichita, 2007: 20ff
[41] Vgl. Dreher, Oerter in Montada, Oerter, 2002: 290

Wenn man sich Identität im Fokus der Entstehung von Essstörungen betrachtet, fallen mehrere Punkte auf[42]:

- Magersucht tritt oft im Zusammenhang von nicht gelungenen Ablöseprozessen auf.
- Essstörungen grundsätzlich haben sich in einem Klima der gesellschaftlichen Überschätzung dünner Körper entwickelt – und der Schwierigkeit, sich von solchen Bildern nicht beeinflussen zu lassen.
- Essstörungen im Sinne der damit verbundenden Körperschemastörungen referieren stark auf die Schwierigkeit, den eigenen Wert als Person und sein Innenbild nicht durch Außenbilder deformieren zu lassen, sondern sich produktiv damit auseinanderzusetzen.

Damit ergeben sich eine Vielzahl fruchtbarer Ansätze für die soziale Arbeit:

5. (Psychosoziale) Möglichkeiten der Sozialen Arbeit

Da Essstörungen ein epidemisches Problem sind, können sie durch die Interventionsschienen der sozialen Arbeit auch gut tangiert werden, zumindest, was zwei wichtige Bereiche anbelangt – die Präventionsarbeit wie auch die Stabilisierungsarbeit nach einer Therapie. Essstörungen sollten wie etwa Drogen- und Gewaltprävention selbstverständlich in das Präventionsportfolio sozialer Arbeit mit Heranwachsenden gehören[43].
Nachdem grundsätzlich die Geschlechter anders auf Belastungen zu reagieren scheinen[44] und Fragen rund ums Körperbild doch sehr intime sind, scheint es m.E. geraten, genderspezifische Maßnahmen in Aktionsportfolios miteinzubeziehen. Doch nun im Detail:

5.1. Prävention(smöglichkeiten)

Eine Essstörung ist eine gravierende Erkrankung, die leicht chronifiziert. Nur bei 40% der an Magersucht erkrankten lässt sich eine vollständige Heilung erzielen, eine partielle Heilung, bei der einige geringe Restsymptome bleiben, erreichen 35%, bei 25% chronifiziert sich die Störung trotz aller therapeutischer Anstrengungen[45]. Desto wichtiger ist, es gar nicht dazu kommen zu lassen – also präventive Ansätze.
Präventiv lassen sich Trainings und Aktionen im weitesten Sinne einordnen, die um Themen wie

- Körperbild,
- ausgewogene, lustvoll-eigengesteuerte Ernährung und
- Stressbewältigung

---

[42] Vgl. Dreher, Oerter in Montada, Oerter, 2002: 290ff
[43] Vgl. Stoichita, 2007: 5
[44] Vgl. Hurrelmann et al. in Shell Deutschland Holdling, 2006: 87ff
[45] Vgl. Picini, 2003: o.P.

kreisen. Denn alle drei Aspekte spielen bei der Entstehung einer ernsthaften Essstörung eine Rolle[46].

Die Orte, an denen solche präventiven Maßnahmen stattfinden können, sind dabei (fast) grenzenlos. Angesichts der flächendeckenden Verbreitung von Essstörungen scheint es auch geraten, möglichst multiplikationsstarke Medien zu wählen. Häufig wird Prävention dabei didaktisch über einen „Headfake" funktionieren, wie ihn der kürzlich verstorbene Computerwissenschaftler Pausch nannte: Indirektes Lernen, bei dem das zu Lernende implizit beigebracht wird[47], dies wird auch vor dem noch später zu beschreibenden Paradoxon schützen, Jugendlichen etwas über ihr Essverhalten beizubringen, ohne es zu problematisieren.

5.2.   Interventionsmöglichkeiten

Interventionsmöglichkeiten ergeben sich etwa im Rahmen von Clearingstellen – also (fast) jeder offiziell-professionellen stelle, mit der Jugendliche heute in Kontakt kommen, wie Jugendzentren, in der Mädchenarbeit / bei Mädchentreffs, in Schulen, Arztpraxen und Kirchen. Hier können Gefährdete erkannt und adäquat angesprochen werden. Dabei darf nicht vergessen werden, dass, so sehr sich viele Betroffene auch sträuben, wenn sie auf ihr Problem angesprochen werden, sie unter einem erheblichen Leidensdruck mit oft schon ernsten körperlichen Symptomen stehen.

Gruppenmaßnehmen scheinen dabei effizienter und wirksamer als Einzelmaßnahmen zu sein, der Zusammenhalt von Mitbetroffenen oft der gleichen Lebensphase bietet ein erhebliches Unterstützungsumfeld, das auch nach Ende einer Maßnahme durch entstehende Freundschaften und Netzwerke wirken kann[48].

5.3.   Stabilisationsmöglichkeiten

Es wäre ja wünschenswert, wenn es mit der Therapie einer Essstörung getan wäre – leider funktioniert die Erkrankung aber nicht so. Um Backmund und Gerlinghoff zu zitieren: „Wir sind der Überzeugung, dass Menschen, die sich jahrelang falsch ernährt haben, sei es, weil sie zu viel oder zu wenig, zu selten oder zu oft gegessen haben, neu lernen müssen, vernünftig mit Nahrungsmitteln umzugehen." (Backmund, Gerlinghoff: 2000: 9) denn, wie sie weiter ausführen – allein mit therapeutischer Arbeit ist es nicht getan, es braucht ein stabilisierendes Umfeld, das dabei unterstützt, nicht wieder in alte Gewohnheiten und Denkmuster zurückzufallen. Backmund und Gerlinghoff vermuten, dass einmal Erkrankte vermutlich ihr leben lang potenziell Gefährdete bleiben, wie es ja auch anderen Suchterkrankungen zugeschrieben

---

[46] Vgl. Backmund, Gerlinghoff, 2000: 12ff
[47] Vgl. Pausch, 2008: 52ff
[48] Vgl. Backmund, Gerlinghoff, 2000: 61

wird[49]. Es geht also um dauerhaft stabilisierende Maßnahmen, auf die
Menschen mit einer akut überwundenen Essstörung zurückgreifen können[50].
Diese Stabilisierungsarbeit lässt sich im Rahmen der sozialen Arbeit
hervorragend realisieren.

Dies kann etwa geschehen durch geleitete Betroffenengruppen, aber auch
regelmäßigen Aktionen wie professionell geleiteten Ernährungstagen. Sicher
kann noch viel mehr getan werden, als schon getan wird.

6. Fazit

Neben einer Vielzahl möglicher pädagogischer, psychotherapeutischer und
sozialer Interventionsmöglichkeiten muss sich auch das „öffentliche
Bewusstsein" verändern. es darf nicht mehr als selbstverständlich genommen
werden, wenn schon jugendliche an ihrem Essverhalten manipulieren, und die
verzerrte mediale Darstellung von „gesunden" Körpern geht über eine
Modeerscheinung deutlich hinaus[51]. Magersucht ist nicht einfach eine
alltägliche und vergleichsweise singulär zu behandelnde Erkrankung wie eine
Depression. Sie greift tief in gesellschaftliche und familiare Struktturen ein und
speist sich aus ihnen – zudem auch aus medial vermittelten Bildern, die
heutzutage in (fast) jedes Zimmer flackern.
   Angesichts dessen, dass Hunger dank einer überreichlichen Versorgung
mit Lebensmitteln in unseren Breiten kein Problem darstellt, stellen
Essstörungen ein Paradoxon da, das zum Nachdenken über „unser täglich
Brot" hinaus motiviert. Mir scheint es wichtig, immer weiter darüber
nachzudenken, wie wir unsere Kinder und Jugendliche bestärken können ihrem
eigenen Instinkt trauen zu lernen, ihrem Hunger. Besonderes Gewicht liegt
dabei m.E. auf Prävention, wobei es geraten scheint, geschlechtsspezifische
Maßnahmen einzubeziehen, da beide Geschlechter unterschiedlich auf Stress
reagieren und unterschiedliche Risiken zu Störungen tragen.
Neben einer Fürsorge für Betroffene und einer guten Prävention muss m.E.
aber das zweite Paradoxon bewältigt werden, Essverhalten zur Diskussion zu
stellen ohne es unnötig zu problematisieren: „Ich bin angewidert von der
rücksichtslosen Missachtung von Essstörungen, die im medizinisch-kulturellen
Krieg gegen die Fettleibigkeit zum Vorschein kommt. [...] ich kann miur keine
bessere Methode vorstellen, die Selbstachtung von Kindern zu beschädigen,
als ihnen zu sagen, ob taktvoll oder nicht, dass ihre Körper überfüttert und
untrainiert sind." (Johnston in Stoichita, 2007:31)

Es scheint schwierig, eine solche gravierende Erkrankung wie eine Essstörung
als Chance zu begreifen. Und doch ist sie eine: Wenn sie uns dazu bringt,
Essen wieder den Raum zuzugestehen, den er seiner existentiellen wie
sozialen Bedeutung hat, wenn es uns dazu bringt, Insel des authentischen

---

[49] Vgl. Backmund, Gerlinghoff, 2000: 59
[50] Vgl. Backmund, Gerlinghoff, 2000: 21
[51] Vgl. Stoichita, 2007: 4

Genusses zu schaffen, der Freude daran, Hunger zu haben und ihn stillen zu dürfen.

7. Literaturverzeichnis

7.1. Bücher

Backmund, H, Gerlinghoff, M. (2000) Essen will gelernt sein, Weinheim: Beltz.
Hurrelmann, K., (2007) Lebensphase Jugend, Weinheim: Juventa.
Montada, L., Oerter, R. (Hg.) (2002) Entwicklungspsychologie, Weinheim: Beltz.
Pausch, R. (2008) Last Lecture, München: Bertelsmann.
Shell Deutschland Holding (Hg) (2006) 15. Shell Jugendstudie Jugend 2006, Frankfurt: Fischer.
Reich, G., Götz-Kühne, C., Killius, U. (2004) Essstörungen, Stuttgart: Trias.
Stoichita, A. (2007) Essstörungen im Kindes- und Jugendalter, Norderstedt: Grin.
Tillmann, K.-J. (2007) Sozialisationstheorien, Reinbek bei Hamburg: Rowohlt.

7.2. Internetrecherche

Picini, F., (2003, abgerufen 21.8.08) Heilungschancen bei Anorexia nervosa, web4health.info.
Stangl. W. (2007, abgerufen 23.8.08) Magersucht – Anorexia Nervosa, arbeitsblaetter.stangl-taller.at/SUCHT/Anorexie.shtml
Zipfel, S. (2003, abgerufen 20.8.08) Essstörungen – biopsychosoziale aspekte bei der anorexia Nervosa, www.aerztekammer-bw.de/25/15medizin06/B09/2.pdf